Wael F. El-Tras

Análise microbiológica de águas e águas residuais

Wael F. El-Tras

Análise microbiológica de águas e águas residuais

ScienciaScripts

Imprint

Any brand names and product names mentioned in this book are subject to trademark, brand or patent protection and are trademarks or registered trademarks of their respective holders. The use of brand names, product names, common names, trade names, product descriptions etc. even without a particular marking in this work is in no way to be construed to mean that such names may be regarded as unrestricted in respect of trademark and brand protection legislation and could thus be used by anyone.

Cover image: www.ingimage.com

This book is a translation from the original published under ISBN 978-3-659-85065-3.

Publisher:
Sciencia Scripts
is a trademark of
Dodo Books Indian Ocean Ltd. and OmniScriptum S.R.L publishing group

120 High Road, East Finchley, London, N2 9ED, United Kingdom
Str. Armeneasca 28/1, office 1, Chisinau MD-2012, Republic of Moldova, Europe
Printed at: see last page
ISBN: 978-613-9-57692-0

Conteúdo

I. É Oceano ou Terra?

Seria preferível chamar ao nosso planeta "Oceano" em vez de "Terra":

1-   Mais de 70% da sua superfície é coberta por água.

2-   A vida teve origem há 3,5 mil milhões de anos nos oceanos.

3-   O desenvolvimento da vida dependia dos micróbios marinhos.

II. Ecologia microbiana em água doce e água do mar

1- Adesão e sedimentação:

Os micróbios podem ser adsorvidos por matéria inorgânica e depositados no solo. Os micróbios podem multiplicar-se e crescer nos depósitos do fundo.

2- Luz solar:

A ação destrutiva da luz ultravioleta pode afetar a sobrevivência dos micróbios e tornar-se letal, especialmente na superfície da água.

3- Nutrientes:

A água do mar é considerada um meio diluído, especialmente para a matéria orgânica. O fundo contém normalmente uma maior quantidade de matéria orgânica. Apesar da presença de uma baixa quantidade de matéria orgânica na água do mar, esta contém quantidades razoáveis de nutrientes inorgânicos importantes como o ferro, o azoto e o fósforo, quando comparada com a água doce.

4- Substâncias tóxicas:

A água do mar tem uma elevada percentagem de salinidade devido à presença de sais inorgânicos. Estes sais podem ser considerados substâncias tóxicas. Baixas concentrações de sal podem estimular o crescimento de alguns micróbios.

Apesar da presença de materiais tóxicos na água do mar, muitos micróbios isolados da água doce podem crescer e multiplicar-se na água do mar.

5- Predadores:

A presença de grandes quantidades de copépodes na água do mar indica a presença de baixas quantidades de micróbios.

6- Turbulência:

A elevada turbulência da água do mar afecta a sobrevivência dos micróbios.

7- Temperatura:

O grau de temperatura pode afetar o crescimento dos micróbios tanto na água doce como na água do mar. Cada micróbio tem uma gama específica de temperatura adequada para o seu crescimento.

- Embora a maioria dos micróbios contamine a água através de esgotos e drenagem superficial, o número de micróbios tem vindo a diminuir na água do mar.

4

III. Ecologia microbiana em águas residuais

Definição de águas residuais:

Qualquer água que tenha sido utilizada anteriormente para qualquer fim e que contenha resíduos. Estes resíduos podem ser biológicos, químicos ou radioactivos.

Por exemplo:

1- A utilização doméstica de água nas casas produz águas residuais (esgotos) que contêm micróbios.

2- A utilização industrial da água produz águas residuais que contêm resíduos líquidos ou sólidos.

Efeitos nocivos das águas residuais:

A contaminação por águas residuais pode afetar o ecossistema, nomeadamente:

1-   Perda de plantas aquáticas que são importantes para a vida aquática.

2-   Degradação da vida aquática, como peixes e crustáceos.

3-   Efeito direto ou indireto na saúde animal e humana.

Contaminação em grandes cursos de água:

Uma pequena quantidade de contaminante pode não ser considerada em rios com caudal contínuo e fonte renovável de água doce, devido ao efeito de diluição.

Efeito de filtração natural nos cursos de água:

O escoamento dos rios e ribeiros através de rochas, pedras e areia constitui um sistema de filtragem natural dos contaminantes.

Presença de algas nos cursos de água:

-    A aceleração do crescimento de algas nos rios e cursos de água devido à presença de uma quantidade adequada de nutrientes (que é importante para o crescimento das plantas aquáticas) leva à diminuição da taxa de oxigénio dissolvido.

-    O crescimento excessivo de algas provoca a turvação da água e impede a infiltração da luz solar.

Micróbios comuns de águas residuais:

-As lamas   dos rios podem conter   bactérias fecais   e   vírus   transmitidos   pelo sangue, como o da hepatite vírus.

- Candida é um fungo comum presente nas águas residuais.

- Salmonellaspp . (causa de intoxicação alimentar) e Leptospiraspp

.

) ocorrem habitualmente nas águas residuais a nível mundial.

- Schistosomaspp . é um exemplo de parasitas comuns que podem ser
encontrados em

águas residuais.

- A maioria dos micróbios das águas residuais pode levar a
doenças gastrointestinais graves e

implicações específicas que podem levar à morte em todo o mundo.

IV. Micróbios e infecções

Termos comuns:

Micróbio: Pequeno organismo vivo que pode causar uma doença.

Infeção: Invasão do corpo de um peixe, animal ou humano por um micróbio (organismo patogénico).

Ecologia:

Análise científica da relação entre os micróbios e o seu ambiente.

Epidemiologia:

Estudar a história, a ocorrência e as caraterísticas dos micróbios, incluindo estatísticas.

Transportadora:

Peixe, animal, ser humano, artrópode, planta, solo ou substância contraída por um micróbio.

Reservatório:

Peixe, animal, ser humano, artrópode, planta, solo ou substância onde o micróbio vive, se multiplica e pode ser transmitido a um hospedeiro suscetível.

Taxa de morbilidade:

Frequência ou proporção da propagação da infeção.

Taxa de mortalidade:

$$\frac{\text{Number of deaths due to infection per yea}}{\text{Population at risk (100,000)}} \times 100$$

Taxa de incidência:

$$\frac{\text{Number of new cases due to infection per yea}}{\text{Population at risk (1,000 or 100,000)}} \times 100$$

Taxa de prevalência:

$$\frac{\text{Number of cases (old + new) during a certain period of time}}{\text{Population at risk}} \times 100$$

V. Factores que afectam a presença de infeção

1- <u>Factores de agente:</u>

A) Número do micróbio.

B) Virulência do micróbio.

2- <u>Factores de acolhimento:</u>

A) Mecanismo de defesa geral, incluindo as barreiras naturais.

B) Mecanismo de defesa específico, incluindo a imunidade.

VI. Disseminação de micróbios

1- Micróbio endémico:

Localizada numa comunidade específica com elevada prevalência.

2- Micróbio hiper-endémico:

Micróbio endémico com elevada incidência.

3- Micróbio epidémico:

Micróbio hiper-endémico com elevada incidência.

4- Micróbio Pandémico:

O micróbio invade alguns países do mundo ao mesmo tempo.

VII. Micróbios comuns da água

Parasitas Cestodes

Diphyllobothrium Latum

"Ténia do peixe"

Doença:

Difilobotríase

Anfitriões intermédios:

O primeiro hospedeiro intermediário é o copépode.

O segundo hospedeiro intermediário é o peixe.

Peixes mais importantes que transmitem Diphyllobothrium Latum:

1- Lúcio

2- Perca

3- Peixe Burbot

4- Peixe Salmão

<u>Ciclo de transmissão:</u>

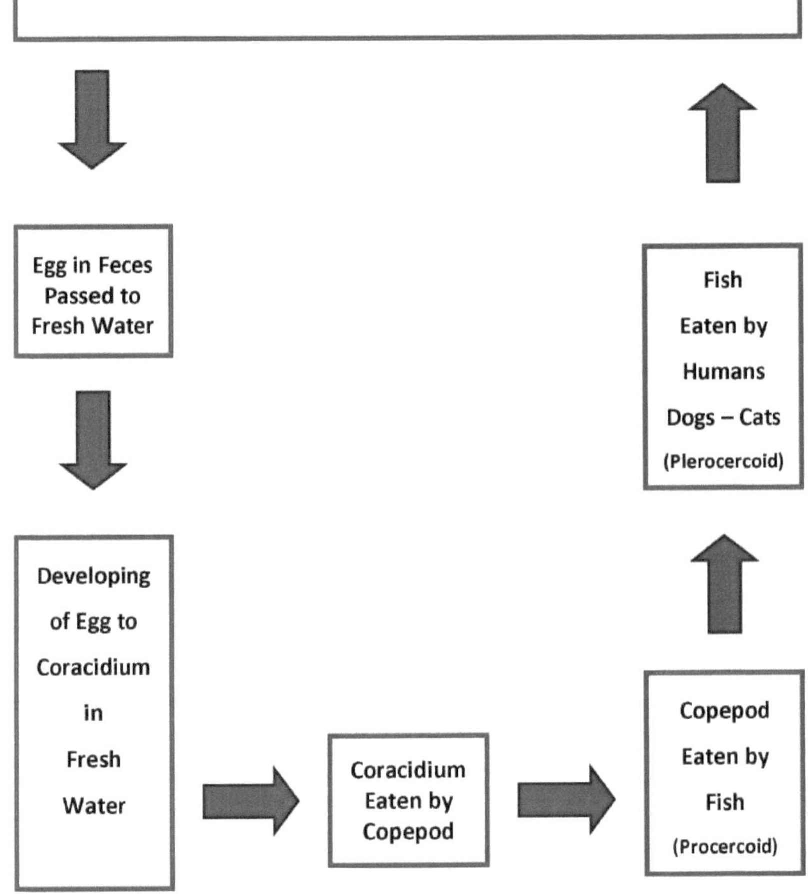

Anfitriões definitivos:

Os seres humanos e outros mamíferos que comem peixe, como cães e gatos.

Fonte de infeção:

1-   Fezes de seres humanos (pescadores) presentes na água e nas águas residuais.

2-   Fezes de animais que comem peixe (cães e gatos) na água e nas águas residuais.

Modo de infeção:

Comer peixe cru ou pouco cozinhado ou ligeiramente salgado.

Doença em humanos:

1-   Dores abdominais (cólicas).

2-   Febre.

3-   Obstrução mecânica do intestino.

4-   Perda de sensibilidade nas extremidades.

Controlo:

1-   Não comer peixe cru ou mal cozinhado.

2-   Não alimentar cães e gatos com peixe cru.

3-   Congelação do peixe a - 10° C durante 24 a 48 horas.

4-   Prevenção da contaminação de lagos e rios.

Fase larvar de Diphyllobothrium Latum

Doença:

Sparganose

Anfitriões intermédios:

O primeiro hospedeiro intermediário é o copépode.

O segundo hospedeiro intermediário são os anfíbios, as aves e os répteis (peixes não incluídos).

Anfitriões definitivos:

Humanos, cães e gatos.

Fonte de infeção:

1- Fezes de seres humanos (pescadores) presentes na água e nas águas residuais.

2- Fezes de animais que comem peixe (cães e gatos) na água e nas águas residuais.

Modo de infeção:

1- Ingestão de água contendo copépodes infectados com Procercoid.

2- Utilização de cataplasmas de rã (fase Plerocercoide).

3- Ingestão de carne crua ou mal cozinhada que contenha a fase Plerocercoide (carne de anfíbios, aves ou répteis).

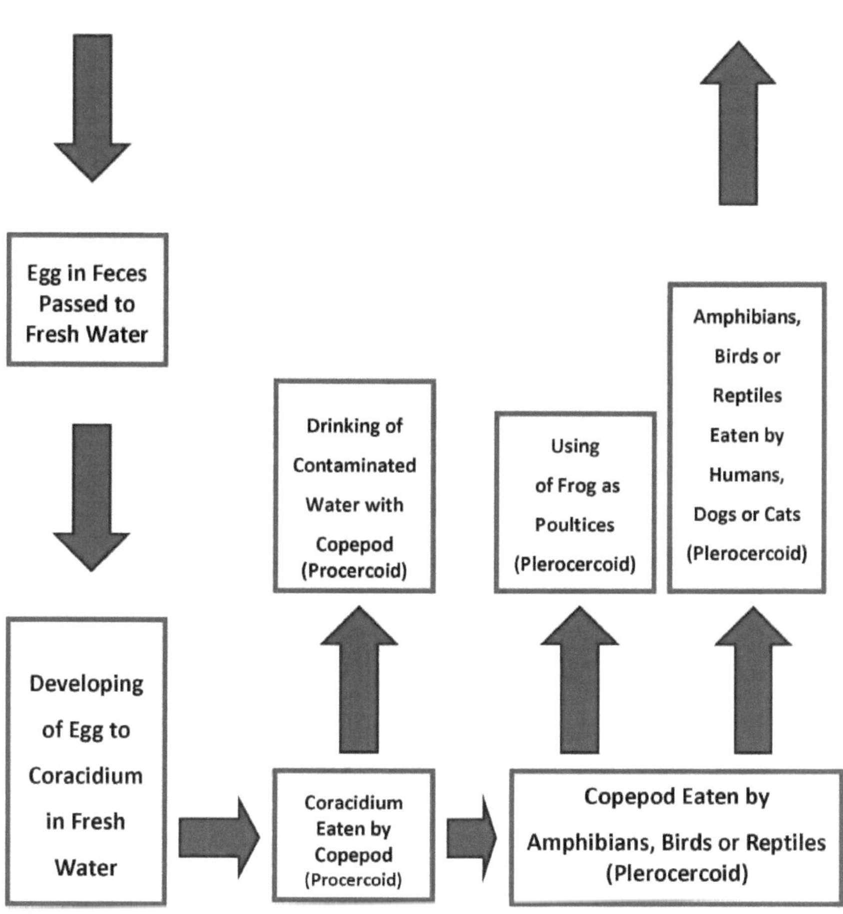

Adult Worm in Intestine of Humans – Dogs – Cats
Egg in Feces Passed to Fresh Water
Amphibians, Birds or Reptiles Eaten by Humans, Dogs or Cats (Plerocercoid)
Drinking of Contaminated Water with Copepod (Procercoid)
Using of Frog as Poultices (Plerocercoid)
Developing of Egg to Coracidium in Fresh Water
Coracidium Eaten by Copepod (Procercoid)
Copepod Eaten by Amphibians, Birds or Reptiles (Plerocercoid)

Doença em humanos:

1-   Forma visceral:

Afectam a parede intestinal, a gordura per-renal e o mesentério.

2-   Forma subcutânea:

O espargão localiza-se normalmente no tecido conjuntivo (semelhante a um lipoma ou fibroma) e provoca prurido e urticária.

Controlo:

1-   Não beber água contaminada.

2-   Não comer carne mal cozinhada.

3-   Não utilizar cataplasmas de rã.

4-   Prevenção da contaminação de lagos e rios.

Trematódeos

Heterófitos Heterófitos

Doença:

Heterofíase (lagos Manzala e Borollos).

Anfitriões intermédios:

O primeiro hospedeiro intermediário é o <u>caracol de água salobra</u>

O segundo hospedeiro intermediário é o peixe Mugil Cephalus e a Tilapia Nilotica.

Mugil Cephalus

Tilapia Nilotica

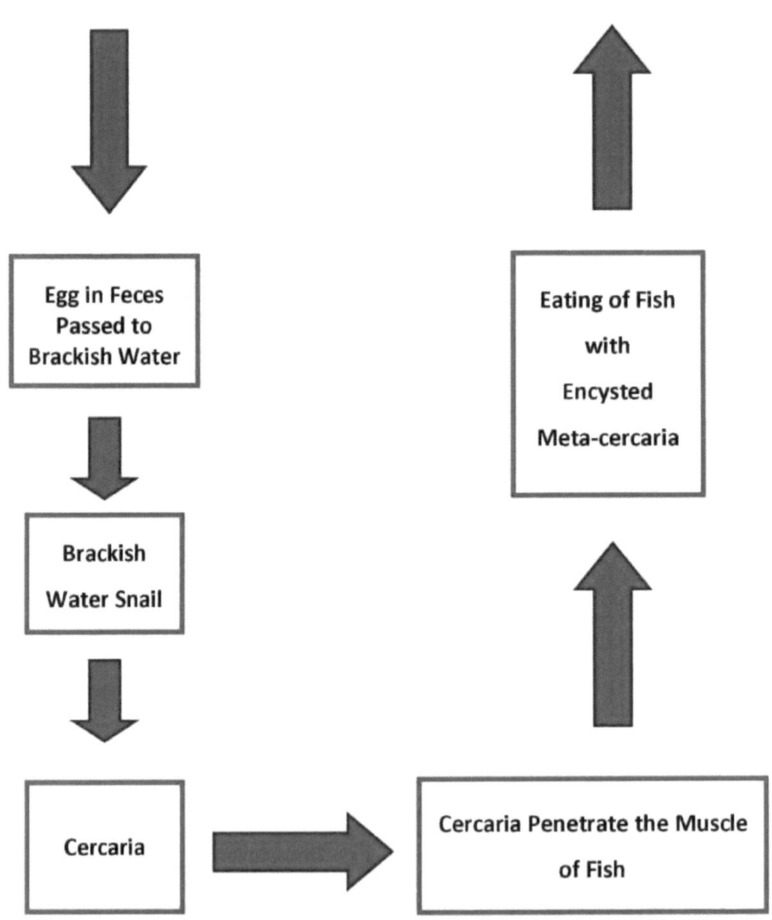

Adult Worm in Intestine of Humans – Dogs – Cats
Egg in Feces Passed to Brackish Water
Brackish Water Snail
Cercaria
Cercaria Penetrate the Muscle of Fish
Eating of Fish with Encysted Meta-cercaria

<u>Anfitriões definitivos:</u>

Humanos (Pescadores), Cães e Gatos.

<u>Fonte de infeção:</u>

3-   Fezes de seres humanos (pescadores) presentes na água e nas águas residuais.

4-   Fezes de animais que comem peixe (cães e gatos) na água e nas águas residuais.

<u>Modo de infeção:</u>

Ingestão de peixe cru ou insuficientemente cozinhado, congelado, salgado ou grelhado.

<u>Doença em humanos:</u>

1-   Diarreia.

2-   Desconforto abdominal.

3-   Dores de cólica.

4-   Os ovos aberrantes podem atingir o cérebro.

<u>Controlo:</u>

1-   Não comer peixe cru ou mal cozinhado.

2-   Não alimentar cães e gatos com peixe cru.

3-   Prevenção da contaminação de lagos e rios.

Clonorchis Sinensis

"Pescada de fígado chinesa"

Doença:

Clonorquíase

Anfitriões intermédios:

O primeiro hospedeiro intermediário é o caracol gastrópode

O segundo hospedeiro intermédio é o peixe de água doce.

Anfitriões definitivos:

Humanos (Ducto Biliar de Pescadores), Cães e Gatos.

Fonte de infeção:

1-   Fezes de seres humanos (pescadores) presentes na água e nas águas residuais.

2-   Fezes de animais que comem peixe (cães e gatos) na água e nas águas residuais.

Modo de infeção:

Ingestão de peixe cru ou insuficientemente cozinhado, congelado, salgado ou grelhado.

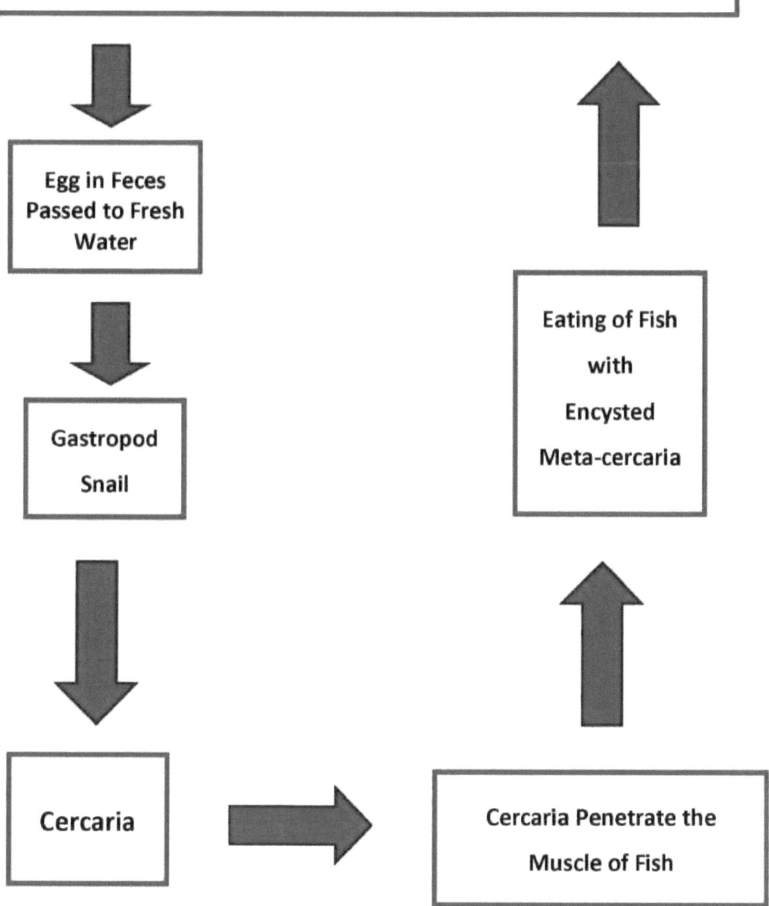

1- Ictericia.

2- Febre.

3- Hepatomegalia.

4- Dores de cólicas.

5- Obstrução do ducto biliar.

Controlo:

1- Não comer peixe cru ou mal cozinhado.

2- Não alimentar cães e gatos com peixe cru.

3- Prevenção da contaminação de lagos e rios.

Opisthorchis Felineus

Opisthorchis Pseudo Felineus

Opisthorchis Viverrini

"Fígado de gato Fígado de peru"

Doença:

Opistorquíase

Anfitriões intermédios:

O primeiro hospedeiro intermediário é o <u>caracol aquático.</u>

O segundo hospedeiro intermédio é o <u>peixe de água doce</u>.

Anfitriões definitivos:

Humanos (Ducto Biliar de Pescadores), Cães e Gatos.

Fonte de infeção:

1- Fezes de seres humanos (pescadores) presentes na água e nas águas residuais.

2- Fezes de animais que comem peixe (cães e gatos) na água e nas águas residuais.

Modo de infeção:

Ingestão de peixe cru ou insuficientemente cozinhado, congelado, salgado ou grelhado.

<u>**Ciclo de transmissão:**</u>

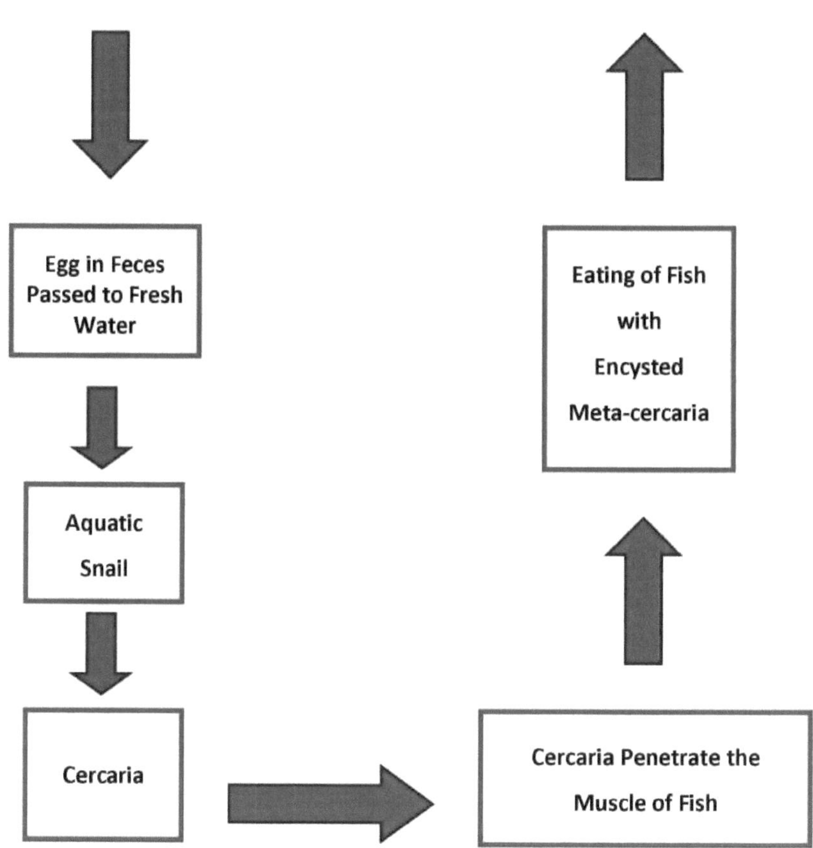

<u>**Doença em humanos:**</u>

1- Icterícia.

2- Febre.

3- Hepatomegalia.

4- Dores de cólica.

5-   Obstrução do ducto biliar.

Controlo:

1-   Não comer peixe cru ou mal cozinhado.

2-   Não alimentar cães e gatos com peixe cru.

3-   Prevenção da contaminação de lagos e rios.

Schistosoma spp.

Bilharziose

Doença:

Esquistossomose

Agente Causador:

1-   Schistosoma Haematobium:

Elevada prevalência no Alto Egito e presente no trato urinário.

2-   Schistosoma Mansoni:

Elevada prevalência no Delta do Egito e presente no intestino grosso.

Anfitriões intermédios:

Caracol de água.

Anfitriões definitivos:

Humanos.

Fonte de infeção:

1-   Urina de seres humanos presente na água e nas águas residuais.

2-   Fezes de seres humanos presentes na água e nas águas residuais.

Modo de infeção:

Contacto com a larva.

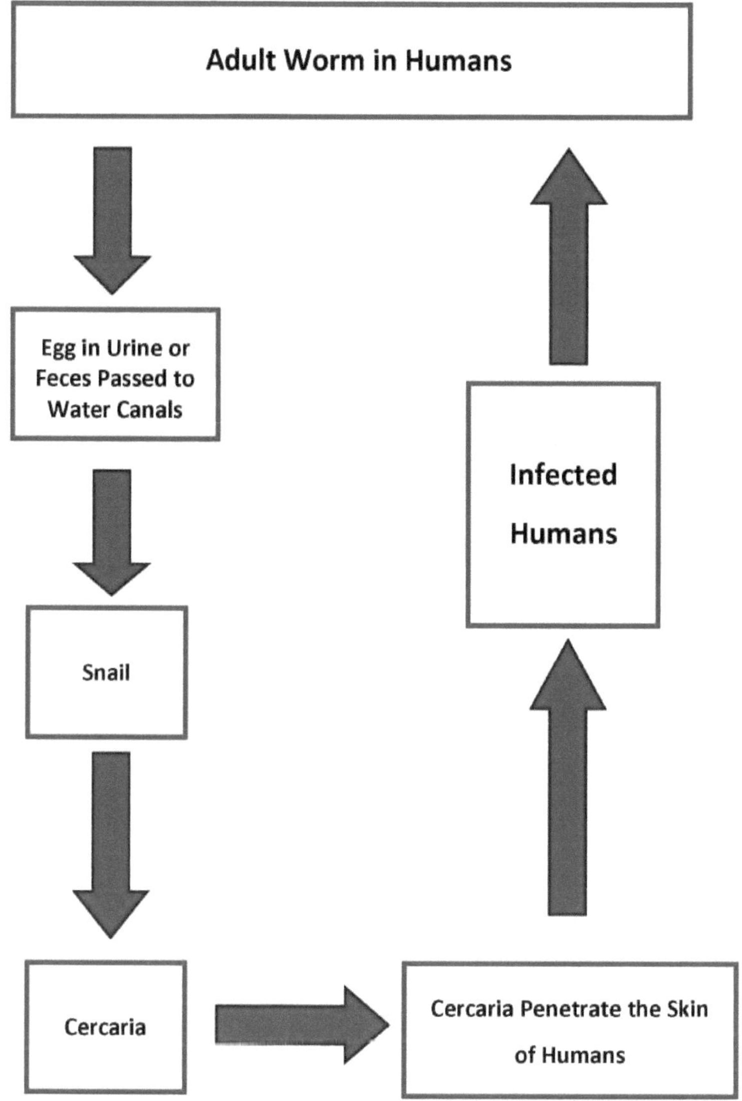

Adult Worm in Humans
Egg in Urine or Feces Passed to Water Canals
Snail
Cercaria
Infected Humans
Cercaria Penetrate the Skin of Humans

Doença em humanos:

1-   Causa um grave problema de saúde pública.

2-   As infecções crónicas são sempre assintomáticas (durante 47 anos).

3-   Dividido em quatro fases:

Primeira fase:

Dermatite (penetração de larvas).

Segunda fase:

Assintomático ou crises de tosse (Invasão por Schistosoma).

Terceira fase:

Fase toxémica (Maturação do Schistosoma).

Quarta fase:

Deposição de ovos (Depende da localização e do número de ovos).

6-   Hepatomegalia.

7-   Ascite.

8-   Morte.

Controlo:

1-   Evitar a contaminação da água com fezes ou urina.

2-   Modificação do ambiente.

3-   Segurança na água.

4-   Eliminação sanitária de resíduos.

5-   Utilização de vestuário de proteção.

Nemátodos

Anisakis

Doença:

Anisakiasis

Anfitrião intermédio:

Artrópode aquático

Anfitriões definitivos:

Peixes e mamíferos marinhos.

Origem e modo de infeção:

Ingestão de peixe mal processado.

Doença em humanos:

1-   Dores abdominais graves.

2-   Vómitos.

3-   Desnutrição.

4-   Reacções alérgicas.

<u>**Ciclo de transmissão:**</u>

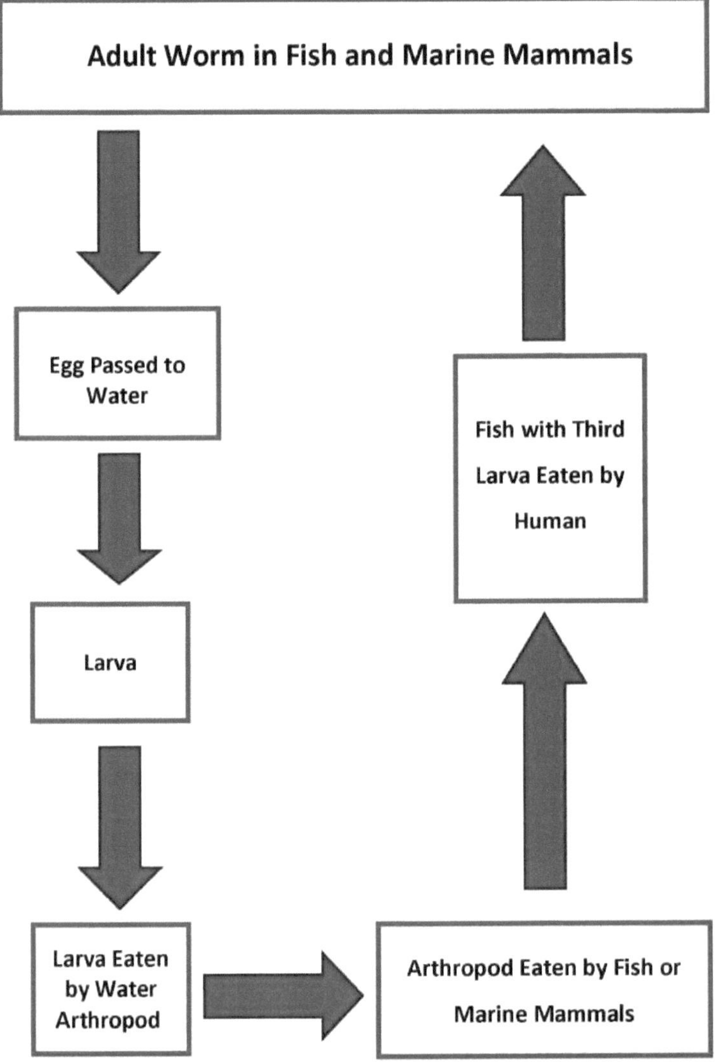

<u>**Controlo:**</u>

1- Modificação do ambiente.

2- Segurança alimentar.

Protozoários

Entamoeba Histolytica

Doença:

Amebíase

Anfitriões definitivos:

Humanos

Fonte de infeção:

Os quistos presentes nas fezes dos seres humanos contaminam a água e o ambiente   e depois

contaminar os alimentos.

Modo de infeção:

1-   Infeção de origem alimentar:

Por ingestão de alimentos ou água contaminados.

2-   Da mão para a boca.

Contaminação manual.

Doença no Homem:

1-   Diarreia.

2-   Prisão de ventre.

3-   Dores de cólica.

Controlo:

1-   Higiene ambiental.

2-   Saneamento de água portátil.

3- Eliminação sanitária das fezes.

4- Higiene alimentar.

5- Higiene pessoal.

Giardia Lamblia

Doença:

Giardíase

Anfitriões definitivos:

Humanos

Fonte de infeção:

Os quistos presentes nas fezes dos seres humanos contaminam a água e o ambiente e depois contaminam os alimentos.

Modo de infeção:

3- Infeção de origem alimentar:

Por ingestão de alimentos ou água contaminados.

4- Da mão para a boca.

Contaminação manual.

Doença no Homem:

1- Diarreia.

2- Prisão de ventre.

3- Desconforto epigástrico.

4- Náuseas.

5- Flatulência.

Controlo:

1- Higiene ambiental.

2-   Saneamento de água portátil.

3-   Eliminação sanitária das fezes.

4-   Higiene alimentar.

5-   Higiene pessoal.

Bactérias

Brucella spp.

Doença:

Brucelose

Agentes causais:

Brucella melitensis

Brucella abortus

Brucella canis

Brucella suis

Anfitriões definitivos:

Ovinos, caprinos e bovinos

Fonte de infeção:

Excrementos e descargas de animais, incluindo leite e descargas de animais abortados.

Modo de infeção:

1-   Infeção de origem alimentar:

- Pela ingestão de leite cru e seus produtos, infectados ou contaminados. - Por ingestão de água ou alimentos contaminados.

2-   Infeção por contacto:

- Através da manipulação de fetos infectados, materiais abortados ou descargas.

Doença no Homem:

1-   Febre irregular.

2-   Transpiração.

3-   Esplenomegalia.

4-   Hepatomegalia.

Controlo:

1-   Higiene ambiental.

2-   Cuidados veterinários.

3-   Gestão de animais abortados.

4-   Eliminação sanitária dos resíduos.

5-   Higiene alimentar.

6-   Higiene e proteção pessoal.

Primeiro isolamento de Brucella melitensis em peixes

A água pode estar contaminada por B. melitensis que pode infetar os peixes.

Um estudo do Professor Wael El-Tras e da sua equipa, em 2009, revelou que o bacalhau do Nilo é infetado naturalmente pela B. melitensis biovar 3 e que a eliminação de resíduos animais nos canais de água pode ser considerada uma fonte de infeção por B. melitensis.

Para mais pormenores, pesquisar sobre o artigo intitulado:

"Infeção por Brucella em peixes de água doce: Evidência de infeção natural do peixe-gato do Nilo, Clarias gariepinus, com Brucella melitensis"

Leptospira spp.

Doença:

Leptospirose, febre da lama ou febre dos arrozais

Agentes causais:

Leptospira hardjo

Leptospira pomona

Leptospira interrogans

Leptospira biflexa

Leptospira icterohaemorrhagiae

Anfitriões definitivos:

Bovinos, ovinos, caprinos, suínos e roedores

Fonte de infeção:

Urina de animais infectados e roedores.

Modo de infeção:

Por contacto com a pele ou as mucosas.

Doença no Homem:

A- Fase febril:

Febre

8-   Fase tóxica:

Pode ocorrer morte devido a insuficiência hepática e renal.

C- Fase de convalescença:

O doente melhora e a iterícia diminui.

Controlo:

1-   Higiene ambiental.

2-   Cuidados veterinários.

3-   Desratização.

4-   Higiene e proteção pessoal.

Vírus

Vírus da hepatite A

Doença:

Hepatite viral do tipo A (HAV)

Anfitriões definitivos:

Primatas humanos e não humanos

Origem e modo de infeção:

Via fecal-oral

Doença no Homem:

1-   Manifestação do TGI.

2-   Icterícia.

3-   Urina escura.

4-   Hepatite.

Controlo:

1-   Higiene ambiental.

2-   Higiene pessoal.

3-   Eliminação sanitária das fezes.

4-   Tratamento de águas residuais.

Fungos

Os fungos são considerados como contaminantes da água.

Estes organismos estão relacionados com o Reino Eumycota.

Este reino é constituído por cinco filos, como se segue:

1-	Ascomycota

2-	Basidiomycota

3-	Zygomycota

4-	Chytridiomycota

5-	Glomeromycota

Além disso, os fungos são classificados em grupos;

-	Fungos filamentosos (bolores)

-	Leveduras

-	Cogumelos

Muitos fungos estão adaptados a ambientes aquáticos e a maioria deles está relacionada com Chytridiomycota.

<u>Fungos comuns de origem aquática:</u>

-	Aspergillus fumigatus (alergénico)

-	Aspergillus flavus, produzem aflatoxinas (micotoxinas)

-	Espécies de Penicillium, produzem micotoxinas

Referências

Abuja, Obiri-Danso K., Okore-Hanson, A., e Jones, K. (2003). A qualidade microbiológica da água potável vendida nas ruas de Kumasi. Ghana. Lett. Appl. Microbiol. 37, 334-339.

Adesiji, A. R. (2013). Qualidade microbiológica de marcas de água potável embalada comercializadas na metrópole de Minna, no centro-norte da Nigéria. Nig. J. Technolog. Res. 7, 1-7.

Ahmed, W., Yusuf, R., Hasan, I., Ashraf, W., Goonetilleke, A., Toze, S., e Gardner T. (2013). Indicadores fecais e patógenos bacterianos em água potável de Dhaka, Bangladesh. Braz. J. Microbiol. 44, 97-103.

Arnold, J. G., Allen, P. M., e Bernhardt, G. (1993). Um modelo abrangente de fluxo de águas subterrâneas superficiais. J. Hydrol. 142, 47-69.

Ashbolt, N. J. (2004). Microbial contamina on of drinking water and disease outcomes in developing regions. Toxicologia 198, 229-238.

Bain, R., Cronk, R., Wright, J., Yang, H., Slaymaker, T., e Bartram, J. (2014). Contaminação fecal da água potável em países de baixo e médio rendimento: uma revisão sistemática e meta-análise. PLoS Med. 11:e1001644.

Benner, R. (2002). "Chemical composi on and reactivity," in Biogeochemistry of Marine Dissolved Organic Matter, eds D. Hansell and C. A. Carlson (San Diego, CA: Academic Press), 59-90.

Billen,G., Garnier, J., e Hanset, P. (1994).Modelação do desenvolvimento do fitoplâncton em redes de drenagem completas - o modelo Riverstrahler aplicado ao sistema do rio Sena. Hydrobiologia 289, 119-137.

Boaretti, M., Del Mar Lleò, M., Bonato, B., Signoretto, C., e Canepari, P. (2003). Envolvimento de rpoS na sobrevivência de Escherichia coli no estado viável mas não cultivável. Environ. Microbiol. 5, 986-996.

Bouvy, M., Briand, E., Boup, M. M., Got, P., Leboulanger, C., Bettarel, Y., et al. (2008). Efeitos das descargas de esgotos nos componentes microbianos das águas costeiras tropicais (Senegal, África Ocidental). Mar. Freshw. Res. 59, 614-626.

Brown, S. B., Ikenberry, C. D., Soupir, M. L., Bisinger, J., e Russell, J. R. (2014). Previsão do tempo que o gado passa nos riachos para quantificar a deposição direta de estrume. Appl. Eng. Agric. 30, 187-195.

Burmolle, M., Kjoller, A., e Sorensen, S. J. (2012). "Uma força de trabalho invisível: biofilmes no solo" em Microbial Biofilm: Current Research and Applications, eds G. Lear e G. D. Lewis (Norfolk, VA: Caister Academic Press), 61-71.

Byamukama, D., Mach, R. L., Kansiime, F., Manafi, M., e Farnleitner, A. H. (2005). Eficácia de discriminação da deteção de poluição fecal em diferentes habitats aquáticos de um país tropical de elevada altitude, utilizando coliformes presuntivos, Escherichia coli e esporos de Clostridium perfringens. Appl. Environ. Microbiol. 71, 65-71.

Byappanahalli, M. N., e Fujioka, R. S. (1998). Evidência de que o ambiente do solo tropical pode suportar o crescimento de Escherichia coli. Water Sci. Technol. 38, 171-174.

Byappanahalli, M. N., e Fujioka, R. S. (2004). As bactérias indígenas do solo e a baixa humidade podem limitar, mas permitem que as bactérias fecais se multipliquem e se tornem uma população menor em solos tropicais.Water Sci. Technol. 50, 27-32.

Byappanahalli, M. N., Nevers,M. B., Korajkic, A., Staley, Z. R., e Harwood, V. J. (2012). Enterococos no meio ambiente.Microbiol.Mol. Biol. Rev. 76, 685-706.

Byappanahalli,M.N., Shively,D. A., Nevers,M. B., Sadowsky,M. J., andWhitman, R. L. (2003). Crescimento e sobrevivência de populações de Escherichia coli e enterococos na macroalga Cladophora (Chlorophyta). FEMS Microbiol. Ecol. 46, 203-211.

Byappanahalli,M.N.,Whitman,R.L.,Shively,D.A.,Sadowsky,M.J.,andIshii,S.   (2006).   Estrutura populacional, persistência e sazonalidade de Escherichia coli autóctone em solo de floresta costeira temperada de uma bacia hidrográfica dos Grandes Lagos. Environ. Microbiol. 8, 504-513.

Carillo, M., Estrada, E., e Hazen, T. C. (1985). Survival and enumera on of the fecal indicators Bifidobacterium adolescentis and Escherichia coli in a tropical rain forest watershed. Appl. Environ. Microbiol. 50, 468-476.

Carlucci, A. F., e Pramer, D. (1959). Factors Affec ng the Survival of Bacteria in Sea Water (Factores que afectam a sobrevivência das bactérias na água do mar). Departamento de Microbiologia Agrícola, Rutgers. The State University, New Brunswick, New Jersey.

Chahinian, N., Bancon-Montigny, C., Caro, A., Got, P., Perrin, J. L., Rosain, D., et al. (2012). O papel dos sedimentos fluviais no armazenamento da contaminação a jusante de uma estação de tratamento de águas residuais em condições de baixo caudal: organoestânicos, bactérias indicadoras fecais e nutrientes. Estuar.Coast.Shelf.Sci. 114, 70-81.

Cho, K. H., Cha, S. M., Kang, J.-H., Lee, S. W., Park, Y., Kim, J.-W., et al. (2010). Efeitos meteorológicos sobre os níveis de bactérias indicadoras fecais num riacho urbano: uma abordagem de modelação. Water Res. 44, 2189-2202.

Cho, K. H., Pachepsky, Y. A., Kim, J.H., Guber, A. K., Shelton, D. R., e Rowland, R. (2010). Libertação de Escherichia coli do sedimento de fundo num riacho de primeira ordem: experiência e modelação específica do alcance. J. Hydrol. 391, 322-332.

Christenson, E., Bain, R., Wright, J., Aondoakaa, S., Hossain, R., e Bartram, J. (2014). Examinando a influência da definição urbana ao avaliar a segurança relativa da água potável na Nigéria. Sci. Total Environ. 490, 301-312.

Chu, Y., Salles, C., Tournoud, M. G., Got, P., Troussellier, M., Rodier, C., et al. (2011). Cargas bacterianas fecais durante eventos de inundação em rios costeiros do noroeste do Mediterrâneo. J. Hydrol. 405, 501-511.

Colwell, R. (2000). "Bacterial death revisited," in Nonculturable Microorganisms in the Environment, eds R. Colwell and D. J. Grimes (Washington, DC: ASM Press), 325-342.

Conan, P., Joux, F., Torreton, J. P., Pujo-Pay, M., Douki, T., Rochelle-Newall, E., et al. (2008). Effect of solar ultraviolet radiation on bacterio- and phytoplankton activity in a large coral reef lagoon (southwest New Caledonia). Aquat. Microb.

Ecol. 52, 83-98.

Crump, B. C., Baross, J. A., e Simenstad, C. A. (1998). Dominância de bactérias aderentes no estuário do rio Columbia, EUA. Aquat. Microb. Ecol. 14, 7-18.

De Brauwere, A., Gourgue, O., De Brye, B., Servais, P., Ouattara, N. K., e Deleersnijder, E. (2014). Modelagem integrada de contaminação fecal em um continuum rio-mar densamente povoado (Rio Scheldt e Estuário). Sci. Total

Environ. 468, 31-45.

Dutka, B. J., e Kwan, K. K. (1980). Estudos sobre a morte de bactérias e o transporte em cursos de água. Water Res. 14, 909-915.

El-Bassiouny e El-Tras (2005): Principles of Zoonoses; Bacterioses - Mycoses - Rickettsioses. Biblioteca Nacional e Documentação - Egito. ISBN: 977 17 2845 8.

El-Bassiouny e El-Tras (2005): Principles of Zoonoses; Parasitic - Viroses - Prions. Biblioteca Nacional e Documentação - Egito. ISBN: 977 17 2847 4.

Ekklesia, E., Shanahan, P., Chua, L. H. C., e Eikaas, H. S. (2015). Associações de traçadores químicos e bactérias indicadoras fecais em uma bacia hidrográfica urbana tropical. Water Res. 75, 270281.

Ekklesia, E., Shanahan, P., Chua, L.H. C., e Eikaas, H. S. (2015b). Variação temporal de bactérias indicadoras fecais em drenos de tempestades urbanas tropicais. Water Res. 68, 171-181.

Ferguson, D., andSignoreo , C. (2011). "
       Environmentalpersistenceandnaturalizaonof

fecal indicator organisms", em Microbial Source Tracking: Methods, Applications, and Case Studies, eds C. Hagedorn, A. R. Blanch, and V. J. Harwood (New York, NY: Springer), 379397.

Fujioka, R., e Byappanahalli, M. (2001). "Microbial ecology controls the establishment of fecal bacteria in tropical soil environment," in Advances in Water and Wastewater Treatment Technology: Molecular Technology, Nutrient Removal, Sludge Reduction and Environmental Health, edsT.

Matsuo, K. Hanaki, S. Takizawa, e H. Satoh (Amesterdão: Elsevier), 273-283.

Gannon, V. P. J., Duke, G. D., Thomas, J. E., Vanleeuwen, J., Byrne, J., Johnson, D., et al. (2005). Utilização de reservatórios em cursos de água para reduzir a contaminação bacteriana de bacias hidrográficas rurais. Sci. Total Environ. 348, 19-31.

Gourdin, E., Evrard, O., Huon, S., Lefèvre, I., Ribolzi, O., Reyss, J.-L., et al. (2014). Dinâmica de sedimentos suspensos em uma bacia montanhosa do sudeste asiático: combinando monitoramento de rios e traçadores de radionuclídeos de precipitação radioativa. J. Hydrol. 519B, 1811-1823.

Gourdin, E., Huon, S., Evrard, O., Ribolzi, O., Bariac, T., Sengtaheuanghoung, O., et al. (2015). Fontes e exportação de matéria orgânica transportada por partículas durante uma inundação em breve numa bacia hidrográfica do norte do Laos. Biogeosciences 12, 1073-1089.

Gourmelon, M., Caprais, M. P., Mieszkin, S., Marti, R., Wery, N., Jarde, E., et al. (2010). Desenvolvimento de ferramentas microbianas e químicas MST para identificar a origem da poluição fecal em águas balneares e de apanha de marisco em França. Water Res. 44, 4812-4824.

Guernier, V., Hochberg, M. E., e Guegan, J. F. O. (2004). A ecologia determina a distribuição mundial das doenças humanas. PLoS Biol. 2:e186.

Harwood, V. J., Staley, C., Badgley, B. D., Borges, K., e Korajkic, A. (2014). Marcadores de rastreamento de fontes microbianas para deteção de contaminação fecal em águas ambientais: relações entre patógenos e resultados de saúde humana. FEMSMicrobiol. Rev. 38, 140.

Hofstra, N. (2011). Quan fying the impact of climate change on enteric water-borne pathogen concentrations in surface water. Curr. Opin. Environ. Sustain. 3, 471-479.

Hrdinka, T., Novicky, O., Hanslik, E., e Rieder, M. (2012). Possíveis impactos das cheias e secas na qualidade da água. J. Hydro Environ. Res. 6, 145-150.

Igbeneghu, O. A., e Lamikanra, A. (2014). A qualidade bacteriológica de diferentes marcas de água engarrafada disponíveis para os consumidores em Ile-Ife, sudoeste da Nigéria. BMC Res. Notes 7, 859.

Ishii, S., e Sadowsky, M. J. (2008). Escherichia coli no ambiente: implicações para a qualidade da água e a saúde humana. Microbes Environ. 23, 101-108.

Isobe, K. O., Tarao, M., Chiem, N. H., Minh, L. Y., e Takada, H. (2004). Efeito de factores ambientais na relação entre concentrações de coprostanol e bactérias indicadoras fecais em águas doces tropicais (delta do Mekong) e temperadas (Tóquio). Appl. Environ. Microbiol. 70, 814-821.

Isobe, K. O., Tarao, M., Zakaria, M. P., Chiem, N. H., Minh, L. Y., e Takada, H. (2002). Aplicação quantitativa de esteróis fecais através de espetrometria de massa por cromatografia gasosa para investigar a poluição fecal em águas tropicais: Malásia Ocidental e Delta do Mekong, Vietname. Environ. Sci. Technol. 36, 4497-4507.

Jaffrezic, A., Jarde, E., Pourcher, A. M., Gourmelon, M., Caprais, M. P., Heddadj, D., et al. (2011). Marcadores microbianos e químicos: transferência de escoamento em solos com adubo animal. J. Environ. Qual. 40, 959-968.

Janeau, J. L., Gillard, L. C., Grellier, S., Jouquet, P., Le, T. P. Q., Luu, T. N. M., et al. (2014). Erosão do solo, carbono orgânico dissolvido e perdas de nutrientes sob diferentes sistemas de uso da terra em uma pequena bacia hidrográfica no norte do Vietnã. Agric. Water Manage. 146, 314-323.

Jarde, E., Gruau, G., e Mansuy-Huault, L. (2005). O rácio coprostanol/esterol como indicador da proveniência da matéria orgânica em solos e rios. Geochim. Cosmochim. Ata 69, A756-A756.

Jarde, E., Gruau, G., e Mansuy-Huault, L. (2007). Deteção de compostos orgânicos derivados de estrume em rios que drenam áreas agrícolas de aplicação intensiva de estrume. Appl. Geochem. 22, 1814-1824.

Jeanneau, L., Jarde, E., e Gruau, G. (2011). Influência da salinidade e da matéria orgânica natural na extração em fase sólida de esteróis e estanóis: aplicação à determinação da impressão digital de esteróis humanos em matrizes aquosas. J. Chromatogr. A 1218, 2513-2520.

Jeanneau, L., Solecki, O., Wery, N., Jardé, E., Gourmelon, M., Communal, P. Y., et al. (2012). Decaimento relativo de bactérias indicadoras fecais e marcadores associados a humanos: um estudo de microcosmos que simula a entrada de águas residuais na água do mar e na água doce. Environ. Sci. Technol. 46, 2375-2382.

Jiminez, L., Muniz, I., Toranzos, G. A., e Hazen, T. C. (1989). Sobrevivência e atividade de Salmonella typhimurium e Escherichia coli em água doce tropical. J. Appl. Bacteriol. 67, 61-69.

Kaisermann, A., Roguet, A., Nunan, N., Maron, P.-A., Ostle, N., e Lata, J.-C. (2013). O manejo agrícola afeta a resposta da estrutura da comunidade bacteriana do solo e a respiração ao estresse hídrico. Soil Biol. Biochem. 66, 69-77.

Karanis, P., Kouren , C., e Smith, H. (2007). Waterborne transmission of protozoan parasites: a worldwide review of outbreaks and lessons learnt. J. Water Health 5, 1-38.

Korzeniewska, E., Filipkowska, Z., Zarnoch, D., e Tworus, K. (2005). Sobrevivência de Escherichia coli e Aeromonas hydrophila em água mineral não carbonatada. Polish J Microbiol 54, 35-40.

Le, T. P. Q., Billen, G., Garnier, J., Thery, S., Fezard, C., e Minh, C. V. (2005). Nutrient (N, P) budgets for the Red River basin (Vietnam and China). Global Biogeochem. Cycles 19, GB2022.

Liang, Z., He, Z., Zhou, X., Powell, C. A., Yang, Y., He, L. M., et al. (2013). Impacto das práticas mistas de uso da terra na qualidade microbiana da água em uma bacia hidrográfica costeira subtropical. Sci. Total Environ. 449, 426-433.

Magdoff, F., e Weil, R. R. (2004). "Soil organic ma er management strategies," in Soil Organic Matter in Sustainable Agriculture,edsF.MagdoffandR.R.Weil (London: CRC Press), 45-66.

Mieszkin, S., Furet, J., Corthier, G., e Gourmelon, M. (2009). Es ma on of pig fecal contamination in a river catchment by real-time PCR using two pig-specific Bacteroidales 16S rRNA genetî c markers. Appl. Environ. Microbiol. 75, 3045-3054.

Mgbakor, C., Ojiegbe, G., Okonko, O., Odu, N. N., Alli, J. A., Nwanze, J. C., e Onoh, C. C. (2011). Avaliação bacteriológica de algumas águas de saqueta à venda na metrópole de Owerri, Estado de Imo. Nigéria Mal. J. Microbiol. 7, 217-225.

Miller, C. T., Dawson, C. N., Farthing, M. W., Hou, T. Y., Huang, J., Kees, C. E., et al. (2013). Simulação numérica de problemas de recursos hídricos: modelos, métodos e tendências. Adv. Water Resour. 51, 405-437.

Milliman, J. D. (1995). Descarga de sedimentos para o oceano a partir de pequenos rios montanhosos: o exemplo da Nova Guiné. Geo Mar. Le . 15, 127-133.

Milliman, J. D., e Syvitski, J. P. M. (1992). Geomorphic tectonic control of sediment discharge into the ocean: the importance of small mountainous rivers. J. Geol. 100, 525544.

Neave, M., Luter, H., Padovan, A., Townsend, S., Schobben,X., e Gibb, K. (2014). Múltiplas abordagens para rastreamento de fontes microbianas no norte tropical da Austrália. Microbiologyopen 3, 860-874.

Nichols, G., Lane, C., Asgari, N., Verlander, N. Q., e Charle , A. (2009). Precipitação e surtos de doenças relacionadas com a água potável em Inglaterra e no País de Gales. J.Water Health 7, 18.

Nshimyimana, J. P., Ekklesia, E., Shanahan, P., Chua, L. H. C., e Thompson, J. R. (2014). Distribuição e abundância de Bacteroides específicos do homem e relação com indicadores tradicionais numa bacia hidrográfica tropical urbana. J. Appl. Microbiol. 116, 1369-1383.

Oliver, D. M., Clegg, C. D., Heathwaite, A. L., e Haygarth, P. M. (2007). Fixação preferencial de Escherichia coli a diferentes fracções granulométricas de um solo de pastagem agrícola. Water Air Soil Pollut. 185,

369-375.

Oliver, D. M., Haygarth, P.M., Clegg, C. D., e Heathwaite, L. (2006). Differential E. coli dieoff patterns associated with agricultural matrices. Environ. Sci. Technol. 40, 5710-5716.

Oluyege, J., Olowomofe, T., e Abiodun, O. (2014). Contaminação microbiana da água potável embalada na metrópole de Ado-Ekiti, no sudoeste da Nigéria. Am J Res Com 2, 231-246.

Opisa,S.,Odiere,M.R.,Jura,W.G.Z.O.,Diana,M.S.,Karanja,D.M.,Pauline, N. M., et al. (2012). Contaminação fecal de fontes de água públicas em povoações informais da cidade de Kisumu, no oeste do Quénia.Water Sci. Technol. 66, 2674-2681.

O o, K., Elwing, H., e Hermansson,M. (1999). Efeito da força iónica nas interações iniciais de Escherichia coli com superfícies, estudadas em linha por uma nova técnica de microbalança de cristais de quartzo. J. Bacteriol. 181, 5210-5218.

Oyedeji, O., Olutiola, P., e Moninuola, M. (2010). Qualidade microbiológica de marcas de água potável embalada comercializadas na metrópole de Ibadan e na cidade de Ile-Ife no sudoeste da Nigéria. Afr. J. Micro. Res. 4, 096-102.

Pachepsky, Y., Shelton, D. R., Mclain, J. E. T., Patel, J., e Mandrell, R. E. (2011). "Irrigation waters as a source of pathogenic microorganisms in produce: a review," in Advances in Agronomy, ed. D. L. Sparks (Bur Burke, EUA). D. L. Sparks (Burlington, VT: Academic Press), 73-141.

Pandey, P. K., e Soupir, M. L. (2013). Avaliando os impactos de sedimentos carregados de E.coli em cargas de E.coli em uma variedade de fluxos e caraterísticas de sedimentos. J. Am.Water Resour. Assoc. 49, 1261-1269.

Pandey, P. K., Soupir, M. L., e Rehmann, C. R. (2012b). Um modelo para prever a ressuspensão de Escherichia coil de sedimentos de riachos. Water Res. 46, 115-126.

Pandey, P. K., Soupir, M. L., e Ikenberry, C. (2014). "Modelagem do transporte de patógenos de resíduos animais de terras agrícolas para córregos", em Proceedings of the International Conferences on Geological, Geographical, Aerospace and Earth Sciences, Jakarta.

Patın, J., Mouche, E., Ribolzi, O., Chaplot, V., Sengtahevanghoung, O., Latsachak, K. O., et al. (2012). Análise da produção de escoamento superficial à escala da parcela durante um estudo de longo prazo de uma pequena bacia hidrográfica agrícola na RDP do Laos. J. Hydrol. 426, 79-92.

Planchon, O., Cadet, P., Lape te, J. M., Silvera, N., e Esteves, M. (2000). Relação entre a erosão por gotas de chuva e a erosão por escoamento superficial sob chuva simulada no Sudão-Sahel: consequências para a propagação de nemátodos por escoamento superficial. Earth Surf. Process Land. 25, 729741.

Podwojewski, P., Orange, D., Jouquet, P., Valentin, C., Nguyen, V. T., Janeau, J. L., et al. (2008). Impactos da utilização do solo no escoamento superficial e no desprendimento do solo em terrenos agrícolas inclinados no Norte do Vietname. Catena 74, 109-118.

Pommier, T., Canback, B., Riemann, L., Bostrom, K. H., Simu, K., Lundberg, P., et al. (2007). Global patterns of diversity and community structure in marine bacterioplankton. Mol. Ecol. 16, 867-880.

Pommier, T., Merroune, A., Bettarel, Y., Got, P., Janeau, J.-L., Jouquet, P., et al. (2014). Impactos externos da compostagem agrícola: papel da matéria orgânica de origem terrestre na estruturação das comunidades microbianas aquáticas e seu potencial metabólico. FEMS Microbiol. Ecol. 90, 622-632.

Ratajczak,M.,Laroche,E.,Berthe,T.,Clermont,O.,Pawlak,B.,Denamur,E.,et al. (2010).

Influência das condições hidrológicas na estrutura da população de Escherichia coli na água de um riacho numa bacia hidrográfica rural. BMC Microbiol. 10:222.

Regina, V. R., Lokanathan, A. R., Modrzy' nski, J. J., Sutherland, D. S., e Meyer, R. L. (2014). SurfacephsicochemistryandionicstrengthaffectseDNA '   sroleinbacterial

adesão a superfícies abióticas. PLoS ONE 9:e105033.

Ribolzi, O., Cuny, J., Sengsoulichanh, P., Mousques, C., Soulileuth, B., Pierret, A., et al. (2011). Uso da terra e qualidade da água ao longo de um afluente do mekong no norte do Laos PDR. Environ. Manage. 47, 291-302.

Ribolzi, O., Patin, J., Bresson, L. M., Latsachack, K. O., Mouche, E., Sengtaheuanghoung, O., et al. (2011). Impacto do gradiente de inclinação nas caraterísticas da superfície do solo e infiltração em encostas íngremes no norte do Laos. Geomorphology 127, 53-63.

Sinclair, A., Hebb, D., Jamieson, R., Gordon, R., Benedict, K., Fuller, K., et al. (2009). Carga de organismos indicadores fecais em águas superficiais durante a estação de crescimento numa bacia hidrográfica rural.Water Res. 43, 1199-1206.

Sinton, L. W., Hall, C. H., Lynch, P. A., e Davies-Colley, R. J. (2002). Inativação por luz solar de bactérias indicadoras fecais e bacteriófagos de efluentes de lagoas de estabilização de resíduos em águas doces e salinas. Appl. Environ. Microbiol. 68, 1122-1131.

Smith, C. D., Berk, S. G., Brandl, M. T., e Riley, L. W. (2012). Caraterísticas de sobrevivência de patótipos diarréicos de Escherichia coli e Helicobacter pylori durante a passagem pelo ciliado de vida livre, Tetrahymena sp. FEMS Microbiol. Ecol. 82, 574-583.

Solecki, O., Jeanneau, L., Jarde, E., Gourmelon, M., Marin, C., e Pourcher, A. M. (2011). Persistência de marcadores microbianos e químicos de dejetos de suínos em comparação com a sobrevivência de bactérias indicadoras fecais em microcosmos de água doce e água do mar. Water Res. 45, 4623-4633.

Solo-Gabriele, H. M., Wolfert, M. A., Desmarais, T. R., e Palmer, C. J. (2000). Fontes de Escherichia coli num ambiente costeiro subtropical. Appl. Environ. Microbiol. 66, 230237.

Soupir, M. L., e Mostaghimi, S. (2011). Escherichia coli e Enterococci ligados a partículas no escoamento de pastagens com vegetação alta e escassa. Water Air Soil Pollut. 216, 167-178.

Staley, Z. R., Rohr, J. R., e Harwood, V. J. (2011). Teste dos efeitos diretos e indirectos dos agroquímicos na sobrevivência de bactérias indicadoras fecais. Appl. Environ. Microbiol. 77, 8765-8774.

Staley, Z. R., Rohr, J. R., Senkbeil, J. K., e Harwood, V. J. (2014). Os agroquímicos aumentam indiretamente a sobrevivência de E. coli O157: H7 e bactérias indicadoras, reduzindo os serviços ecossistêmicos. Ecol. Appl. 24, 1945-1953.

Staley, Z. R., Senkbeil, J. K., Rohr, J. R., e Harwood, V. J. (2012). Falta de efeitos diretos dos agroquímicos em agentes patogénicos zoonóticos e bactérias indicadoras fecais. Appl. Environ. Microbiol. 78, 8146-8150.

Strauch, A. M., Mackenzie, R. A., Bruland, G. L., Tingley, R., e Giardina, C. P. (2014). Mudanças climáticas e fatores de uso da terra de bactérias fecais em rios tropicais do Havaí. J. Environ. Qual. 43, 1475-1483.

Stumpf, C. H., Piehler, M. F., Thompson, S., e Noble, R. T. (2010). Carregamento de bactérias indicadoras fecais nas cabeceiras de riachos de maré da Carolina do Norte: padrões hidrográficos e relações de escoamento terrestre. Water Res. 44, 4704-4715.

Troussellier, M., Got, P., Bouvy, M., Boup, M., Arfi, R., Lebihan, F., et al. (2004). Qualidade da água e estado sanitário do estuário do rio Senegal. Mar. Pollut. Bull. 48, 852-862.

Venkatesan, K.D., Balaji, M., e Victor K. (2014). Análise microbiológica de água potável embalada vendida em Chennai. Int. J. Med. Scim Public Health 3, 472-476.

Vidon, P., Campbell, M. A., e Gray, M. (2008a). Acesso irrestrito a riachos e qualidade da água em paisagens de lavoura do Centro-Oeste. Agric.Water Manage. 95, 322-330.

Vidon, P., Tedesco, L. P., Wilson, J., Campbell, M. A., Casey, L. R., e Gray, M. (2008). Controlos hidrológicos diretos e indirectos na concentração e carga de E. coli em cursos de água do Midwestern. J. Environ. Qual. 37, 1761-1768.

Vigiak, O., Ribolzi,O., Pierret, A., Sengtaheuanghoung, O., e Valen n, C. (2008). Eficiências de captura da vegetação ripícola cultivada e natural do norte do Laos. J. Environ. Qual. 37, 889-897.

Vijayavel, K., Sadowsky, M. J., Ferguson, J. A., e Kashian, D. R. (2013). O estabelecimento da cianobactéria incômoda Lyngbya wollei no Lago St. Clair e seu potencial para abrigar bactérias indicadoras fecais. J.

Great Lakes Res. 39, 560-568.

Wanjugi, P., e Harwood, V. J. (2013). A influência da predação e da competição na sobrevivência de bactérias fecais comensais e patogénicas em habitats aquáticos. Environ. Microbiol. 15, 517-526.

Wanyama, J., Herremans, K., Maetens, W., Isabirye, M., Kahimba, F., Kimaro, D., et al. (2012). Eficácia das espécies de gramíneas tropicais como filtros de sedimentos na zona ribeirinha do Lago Vitória. Soil Use Manage. 28, 409-418.

Warburton, D. W. (1993). Uma revisão da qualidade microbiológica da água engarrafada vendida no Canadá. Parte 2. A necessidade de normas e regulamentos mais rigorosos. Can. J. Microbiol. 39, 158-168.

Wilkinson, J., Jenkins, A., Wyer, M., e Kay, D. (1995). Modelação da dinâmica de coliformes fecais em cursos de água e rios. Water Res. 29, 847-855.

Winfield, M. D., e Groisman, E. A. (2003). Papel dos ambientes não hospedeiros nos estilos de vida de Salmonella e Escherichia coli. Appl. Environ. Microbiol. 69, 3687-3694.

Wingender, J., e Flemming, H.-C. (2011). Biofilmes na água potável e o seu papel como reservatório de agentes patogénicos. Int. J. Hyg. Environ. Health 214, 417-423.

Yajima, A., e Kurokura, H. (2008). Avaliação do risco microbiano da aquacultura integrada de gado e da manipulação de peixe no Vietname. Fish. Sci. 74, 1062-1068.

Zhang, W. W., Li, H., Sun, D. F., e Zhou, L. D. (2012). A sta s cal assessment of the impact of agricultural land use intensity on regional surface water quality at multiple scales. Int. J. Environ. Res. Public Health 9, 4170-4186.

Zoetendal, E. G., Raes, J.,Van Den Bogert, B., Arumugam, M., Booijink,C. C. G. M., Troost, F. J., et al. (2012). A microbiota do intestino delgado humano é impulsionada pela rápida absorção e conversão de carboidratos simples. ISME J. 6, 1415-1426.

Printed by Books on Demand GmbH, Norderstedt / Germany